1928 - 2000

Früher haben die Maler Häuser abgemalt. Heute müssen die Maler Häuser erfinden und es müssen die Architekten die Häuser den Bildern nachbauen, denn die schönen Häuser gibt es nicht mehr.

Not so long ago, painters painted after beautiful architecture. Today, the contrary is happening. Architects are obliged to build after the painter´s romantic dreams.

Friedensreich Hundertwasser

Ich schließe halb die Augen
wie beim Bilderkriegen
und sehe die Häuser dunkelbunt
statt hässlich hell und
grüne Wiesen auf allen Dächern.

*

I close my eyes halfway
just as when I conceive paintings
and I see the houses dunkelbunt
instead of ugly cream colour
and green meadows on all roofs.

Hundertwasser-Haus, WIEN (Detai
Original Miturheber em. o. Univ.-Prof. Arch. DI Josef Krawina, Planung Arch. DI Peter Pelika
Foto: Manfred Ste

Träume sind die letzte Zuflucht des Menschen, die letzten Königreiche, die ihm ganz gehören. Träume zerstören ist so, wie wenn man dem Menschen seine Wurzeln und seine Zukunft wegnähme und nichts bleibt, wonach er sich sehnen kann. Der Mensch lebt von Träumen.

*

The dreams are the last kingdom where man can take refuge and recover. Spoiling dreams is like taking away the roots and the future from man and nothing is left for him to long for. Man lives and feeds of dreams.

HUNDERTWASSE
DIE REGENBOGENSPIRALE VON VALKENBURG, NIEDERLANDE (Deta
Architekt: Heinz M. Springmar
Foto: Archiv Wörn

Man kann nicht in Paradiese flüchten, man kann Paradiese nicht einnehmen, beanspruchen oder beschlagnahmen, Paradiese kann man nur selbst schaffen mit eigener Kreativität oder von der Natur machen lassen.

*

Paradises cannot be sought and found, paradises cannot be impounded and not built by the authorities. Paradises can only be made by the individual, with his own creativity, in harmony with the free creativity of nature.

HUNDERTWASSE
THERMENDORF BAD BLUMAU, STEIERMARK
Kaffeehaus und Gesundheitshaus (Detai
Architekt: Peter Pelika
Foto: Manfred Stei

Im Paradies gibt es Licht und Schatten, Böses und Gutes, arm und reich, Schöpfertum und Imitation, Leid und Freude, Schönes und Hässliches. Wäre im Paradies nur von einer Sorte vorhanden, so wäre es ärger als die Hölle. Reichtum ist Vielfalt.

*

In paradise there is light and shadow, good and evil, wealth and poverty, creativity and imitation, joy and suffering, beauty and ugliness. If only one of these attributes existed in paradise, it would be worse than hell. Wealth is diversity.

HUNDERTWASSER
DIE GRÜNE ZITADELLE VON MAGDEBURG (Detail)
Architekten: Peter Pelikan (Entwurf) und Heinz M. Springmann (Ausführung)
Foto: Archiv Wörner

Einen Baum schneidet man in 5 Minuten um. Zum Wachsen braucht er aber 50 Jahre. Das ist ungefähr das Verhältnis zwischen technokratischer Zerstörung und ökologischem Aufbau.

*

A tree can be cut in five minutes, but needs years to grow. That's the difference between technocratic destruction and ecological evolution.

HUNDERTWASSER
KUNSTHAUSWIEN - MUSEUM HUNDERTWASSER, Ansicht Weißgerberstraße (Detail)
Architekt: Peter Pelikan
Foto: Manfred Steib

Freie Natur muss überall dort wachsen, wo Schnee und Regen hinfallen, wo im Winter alles weiß ist, muss im Sommer alles grün sein. Was waagrecht unter freiem Himmel ist, gehört der Natur, Straßen und Dächer sollen bewaldet werden. In der Stadt muss man wieder Waldluft atmen können.

*

The horizontal belongs to nature - the vertical may belong to men. All that is white in winter must be green in summer. All that gets wet with rain, all horizontal surfaces under the sky, belong to the realm of plant life. Woods shall grow on streets and roofs. One must again be able to breathe woodland air in the cities.

HUNDERTWASSER
THERMENDORF BAD BLUMAU, STEIERMARK, Steinhaus (Detail)
Architekt: Peter Pelikan
Foto: Manfred Steib

Wer die Vergangenheit nicht ehrt,
verliert die Zukunft.
Wer seine Wurzeln vernichtet,
kann nicht wachsen.

*

If we do not honour our past,
we lose our future.
If we destroy our roots,
we cannot grow.

HUNDERTWASSER
UMWELTBAHNHOF UELZEN (Detail)
Architekten: Peter Pelikan und Heinz M. Springmann
Foto: Archiv Wörner

DB
BAHNHOF UELZEN

Architektur
soll den Menschen erhöhen
und nicht erniedrigen.

*

Architecture
should elevate man,
not humiliate him.

HUNDERTWASSER
“MOP” MAISHIMA MÜLLVERBRENNUNGSANLAGE, OSAKA (JAPAN)
Architekt: Peter Pelikan
Foto: HUNET Corporation

Fürchtet euch nicht davor, euch so zu zeigen, wie ihr wirklich seid. Habt keine Angst, dass ihr etwas lächerlich wirken könntet, denn ihr werdet es niemals sein. Niemals, wenn ihr euch zeigt, wie ihr wirklich seid!

*

Do not be afraid to show yourselves as you really are. Have no fear that you will seem somewhat laughable because you never will. Never when you show what you are really like.

HUNDERTWASSE
RONALD MC DONALD HAUS, ESSEN (Detai
Architekt: Heinz M. Springman
Foto: Archiv Wörne

RONALD
HAUS

Jeder Mensch, der geboren wird, hat ein unglaubliches Kapital an Kreativität, jeder Mensch, der geboren wird, ist mit dem Ursprung, mit dem Kosmos verbunden.
Er ist quasi noch im Paradies. Das ist ein Garten Eden von unglaublichem Ausmaß, eine Unendlichkeit, so unendlich wie der Sternenhimmel ist.
Jeder Mensch ist so verschieden von den anderen wie ein Stern vom anderen.

*

Everyone is given an incredible capital of creativity at birth; by the fact of birth everyone is linked to the origins, to the cosmos. He is still in paradise, as it were. This is a Garden of Eden of incredible proportions, an infinity as limitless as the stars in the sky. Everyone is as different from the others as one star is from the others.

HUNDERTWASSER
DIE REGENBOGENSPIRALE VON VALKENBURG, NIEDERLANDE (Detail)
Architekt: Heinz M. Springmann
Foto: Archiv Wörner

Die einen behaupten, die Häuser bestehen aus Mauern. Ich sage, die Häuser bestehen aus Fenstern.

Fenster sind ein Äquivalent zu den Augen. Augen und Fenster stehen in einer eigenartigen Wechselbeziehung zueinander. Fenster in Reih und Glied sind traurig, Fenster müssen tanzen können.

*

Some say houses consist of walls, I say houses consist of windows.

Windows are an equivalent to the eyes. Eyes and windows are in a singular correlation to each other. Windows in rank and file are sad, windows should be able to dance.

HUNDERTWASSER
DIE GRÜNE ZITADELLE VON MAGDEBURG (Detail)
Architekten: Peter Pelikan (Entwurf) und Heinz M. Springmann (Ausführung)
Foto: Archiv Wörner

Bei einer Säule fühlt man sich wie unter einem Baum. Eine Säule muss schön und vielfarbig sein und auch im Regen und im Mondlicht aus eigener Kraft leuchten.

*

Next to a column one feels as under a tree. A column must be beautiful and colourful and shine in the rain and in the moonlight of its own accord.

HUNDERTWASSER
KUNSTHAUSWIEN - MUSEUM HUNDERTWASSER, Ansicht Weißgerberstraße (Detail)
Architekt: Peter Pelikan
Foto: Manfred Steib

Du selbst musst Deine Umwelt gestalten. Du kannst nicht auf die Obrigkeit und auf Erlaubnis warten. Nicht nur Deine Kleidung und Dein Innenraum, auch Deine Außenmauer gehört Dir.

*

You must yourself become the author of your environment. You cannot wait for a permit or an authority. Not only your clothes and your rooms, but the face of the building in which you live belong to you.

HUNDERTWASSER
DIE WALD-SPIRALE VON DARMSTADT (Detail)
Architekt: Heinz M. Springmann
Foto: Archiv Wörner

Es ist Dein Recht, Dein Fenster und,
so weit Dein Arm reicht,
auch die Außenseite so zu gestalten,
wie es Dir entspricht.

*

You have the right to transform
your window and
the outside wall around it
as far as your arms can reach
until yours house fits you.

Hundertwasser-Haus, WIEN (Detail)
Original Miturheber em. o. Univ.-Prof. Arch. DI Josef Krawina, Planung Arch. DI Peter Pelikan
Foto: Manfred Steil

Wir sind nur Gast der Natur und müssen uns dementsprechend verhalten.
Der Mensch ist der gefährlichste Schädling, der je die Erde verwüstet hat.
Der Mensch muss sich selbst in seine ökologischen Schranken zurückverweisen, damit die Erde sich regenerieren kann.

*

We are only the guests of nature and must behave accordingly.
Man is the most dangerous pest ever to devastate the earth. Man must put himself behind ecological barriers so the earth can regenerate.

HUNDERTWASSER
THERMENDORF BAD BLUMAU, STEIERMARK, Kaffeehaus (Detail)
Architekt: Peter Pelikan
Foto: Manfred Steib

Wir leben scheinbar im materiellen Glück, tatsächlich jedoch im seelischen Unglück. Um glücklich zu sein, braucht der Mensch keinen äußeren Reichtum, sondern einen inneren Reichtum der Seele. Um glücklich zu sein, braucht der Mensch keine mechanische Energie, sondern eine innere schöpferische Energie.

*

We seemingly live in material happiness, but actually in spiritual unhappiness. In order to be happy, man does not need external riches, but internal riches of the soul. In order to be happy, man does not need mechanical energy, but internal creative energy.

HUNDERTWASSE
IN DEN WIESEN BAD SODEN (Detai
Architekt: Peter Pelika
Foto: Archiv Wörne

Meine Malerei ist, glaube ich, deshalb völlig anders, weil es eine vegetative Malerei ist. Ein Grund, warum die anderen Leute nicht vegetativ malen wollen oder eine vegetative Lebenshaltung einschlagen wollen, ist, weil sie zu unscheinbar beginnt, weil sie keinen Eklat hat und keinen Paukenschlag, sondern weil sie ganz langsam und unscheinbar eben wächst, und das entspricht nicht unserer Gesellschaftsordnung, man will sofortige Leistung, die auf Raubbau beruht.

*

My painting is, I think, completely different because it is vegetative painting. One reason why other people do not want to paint vegetatively or want to take to a vegetative way of life is because it begins too unpretentiously, it does not have great eclat or drum roll; on the contrary it grows quite slowly and simply, and that does not appeal to our social order, people want instant results based on the slash and burn principle.

Hundertwasser-Haus, WIEN (Detail)
Original Miturheber em. o. Univ.-Prof. Arch. DI Josef Krawina, Planung Arch. DI Peter Pelikan
Foto: Manfred Steib

TERRASSENCAFE IM
HUNDERTWASSERHAUS

Der Baummieter ist ein Geber, er ist ein Stück Natur, ein Stück Heimat, ein Stück Spontanvegetation in der anonymen, sterilen Wüste der Stadt, ein Stück Natur, das vom Menschen und seiner Technokratie unkontrolliert und unbevormundet wachsen kann.

*

The tree tenant is a giver. It is a piece of nature, a piece of homeland, a piece of spontaneous vegetation in the anonymous and sterile city desert, a piece of nature which can develop without the rationalist control of man and his technology.

HUNDERTWASSEF
DIE GRÜNE ZITADELLE VON MAGDEBURG (Detail
Architekten: Peter Pelikan (Entwurf) und Heinz M. Springmann (Ausführung
Foto: Archiv Wörne

Nur mit Kreativität kann sich das Menschengeschlecht vorwärtsentwickeln. Die individuelle Kreativität und die individuelle Verantwortung für alle Lebensformen, für die wahren Werte formen die Gesellschaft.

*

Only with creativity can the human race move forward. Individual creativity and individual responsibility for all forms of life, for the true values, are what shape society.

HUNDERTWASSER
ST. BARBARA KIRCHE BÄRNBACH, STEIERMARK (Detail)
Architekt: Manfred Fuchsbichler
Foto: Manfred Steib

Wir brauchen Schönheitshindernisse,
damit die Welt größer wird.
Wenn Du und der Nachbar schöpferisch
tätig seid, braucht man nicht weit zu reisen,
nicht weit zu gehen,
denn das Paradies ist um die Ecke.

*

We need barriers of beauty
so that the world gets bigger.
If you and your neighbour are creative,
we need not travel far.
We need not walk far, because paradise
is right around the corner.

HUNDERTWASSER
WOHNEN UNTERM REGENTURM, PLOCHINGEN (Detail)
Architekten: Architektengemeinschaft Springmann + Kaltenbach, E. Flassak, S. Tehrani
Foto: Manfred Steib

Unser wahres Analphabetentum ist nicht das Unvermögen, Lesen und Schreiben zu können, sondern das Unvermögen, wahrhaft schöpferisch tätig zu sein. Das Kind besitzt diese schöpferische Fähigkeit.

*

Our real illiteracy is not the ignorance to read and write and not the incapability to repeat other people's knowledge, but the inability to create. A child possesses this creative ability.

HUNDERTWASSER
KINDERTAGESSTÄTTE HEDDERNHEIM (Detail)
Architekt: Peter Pelikan
Foto: Archiv Wörner

Es ist alles da, um glücklich auf Erden zu sein. Wir haben Schnee und jeden Tag einen neuen Morgen, wir haben Bäume und Regen, Hoffnung und Tränen. Wir haben Humus und Sauerstoff, Tiere und alle Farben, ferne Länder und Fahrräder, wir haben Sonne und Schatten, wir sind reich.

*

Everything is here to be happy on earth. We have snow and every day a new morning. We have trees and rain, hope and tears. We have humus and oxygen, animals and all the colours. We have distant lands and bicycles. We have sun and shadow. We are rich.

HUNDERTWASSER
KUNSTHAUSWIEN – MUSEUM HUNDERTWASSER, Ansicht Weißgerberlände (Detail)
Architekt: Peter Pelikan
Foto: Archiv Wörner

Quellenangaben Hundertwasser Zitate
References Hundertwassr quotations

Seite 1 / *page 1*:	Das Hundertwasser-Haus, 1985 / *Das Hundertwasser-Haus, 1985*
Seite 2 / *page 2*:	Ao Tea Roa – Insel der verlorenen Wünsche, 1979 / *Ao Tea Roa – Island of Lost Desire, 1979*
Seite 4 / *page 4*:	Menschenliebe, 1988 / *Joy of Man, 1988*
Seite 6 / *page 6*:	Im Strom der Natur. Über das Paradies, 1983 / *In the Flow of Nature. About Paradise, 1983*
Seite 8 / *page 8*:	Im Strom der Natur. Über das Paradies, 1983 / *In the Flow of Nature. About Paradise, 1983*
Seite 10 / *page 10*:	Das Spiel mit der Atomenergie ist ein gefährliches Spiel, 1980 / *Nuclear Energy Is a Dangerous Toy, 1980*
Seite 12 / *page 12*:	Dein Fensterrecht, deine Baumpflicht, 1972 / *Your Window Right, Your Tree Duty, 1972*
Seite 14 / *page 14*:	KunstHausWien 1991 / *KunstHausWien 1991*
Seite 16 / *page 16*:	Das Hundertwasser-Haus, 1985 / *Das Hundertwasser-Haus, 1985*
Seite 18 / *page 18*:	Die wahre Freiheit, 1966 / *Real Freedom, 1966*
Seite 20 / *page 20*:	Schafedasein, 1990 / *A Sheep-like Existence, 1990*

Seite 22 / *page 22*: Die Fensterdiktatur und das Fensterrecht, 1990 /
Window Dictatorship and Window Right, 1990

Seite 24 / *page 24*: Das Hundertwasser-Haus, 1985 /
Das Hundertwasser-Haus, 1985

Seite 26 / *page 26*: Dein Fensterrecht, deine Baumpflicht, 1972 /
Your Window Right, Your Tree Duty, 1972

Seite 28 / *page 28*: Dein Fensterrecht, deine Baumpflicht, 1972 /
Your Window Right, Your Tree Duty, 1972

Seite 30 / *page 30*: Friedensvertrag mit der Natur / Konkrete Utopien für die grüne Stadt, 1983
Peace Treaty with Nature / Concrete Utopias for the Green City, 1983

Seite 32 / *page 32*: Kultur gegen Kernkraft, 1980 /
Culture Against Nuclear Power, 1980

Seite 34 / *page 34*: Hundertwasser über Hundertwasser, 1975 /
Hundertwasser On Hundertwasser, 1975

Seite 36 / *page 36*: Baummieter sind Botschafter des freien Waldes in der Stadt, 1980/1991/1996 /
Tree Tenants are the Ambassadors of the Free Forests in the City, 1980/1991/1996

Seite 38 / *page 38*: Schafedasein, 1990 / *A Sheep-like Existence, 1990*

Seite 40 / *page 40*: Die Kehrtwendung, 1979 /
The Turn, 1979

Seite 42 / *page 42*: Vom schöpferisch Wissenden zum Unwissenden, 1981 /
From a Creative Knowledge to Creative Ignorance , 1981

Seite 44 / *page 44*: Die falsche Kunst, 1981 /
On False Art, 1981

Titelbild / Cover:

HUNDERTWASSER • KUNSTHAUS WIEN – MUSEUM HUNDERTWASSER, Ansicht Untere Weißgerberstraße • Architekt: Peter Pelikan
Foto: Manfred Steib
ISBN: 978-3-946177-20-3

Titelbild / Cover:

Hundertwasser-Haus, WIEN (Detail), Originalmiturheber em. o. Univ.-Prof. Arch. DI Josef Krawina, Planung Arch. DI Peter Pelikan •
Foto: Manfred Steib
ISBN: 978-3-946177-21-0

Titelbild / Cover:

HUNDERTWASSER • THERMENDORF BAD BLUMAU, STEIERMARK, Kaffeehaus und Gesundheitshaus (Detail) • Architekt: Peter Pelikan
Foto: Manfred Steib
ISBN: 978-3-946177-22-7

Titelbild / Cover:

HUNDERTWASSER • DIE REGENBOGENSPIRALE VON VALKENBURG, NIEDERLANDE (Detail) • Architekt: Heinz M. Springmann
Foto: Archiv Wörner
ISBN: 978-3-946177-23-4

Titelbild / Cover:

HUNDERTWASSER • UMWELTBAHNHOF UELZEN • Architekten: Peter Pelikan und Heinz M. Springmann
Foto: Archiv Wörner
ISBN: 978-3-946177-24-1

Titelbild / Cover:

HUNDERTWASSER • DIE GRÜNE ZITADELLE VON MAGDEBURG (Detail) • Architekten: Peter Pelikan (Entwurf) und Heinz M. Springmann (Ausführung)
Foto: Archiv Wörner
ISBN: 978-3-946177-25-8

Wörner Verlag GmbH
Borsigstr.7 · 71277 Rutesheim · Germany
Tel.: +49 (0)7152 53347
E-Mail: info@woerner-verlag.de
www.woerner-verlag.de